Helge

Bianca Gendreau

MUSÉE CANADIEN DES CIVILISATIONS
CANADIAN MUSEUM OF CIVILIZATION

Catalogage avant publication de
Bibliothèque et Archives Canada

Gendreau, Bianca
Neige / Bianca Gendreau.

Publié aussi en anglais sous le titre: Snow.
ISBN 978-0-660-97468-2
No de cat.: NM23-5/3-2013F

1. Neige--Canada.
2. Neige--Aspect social--Canada.
3. Canada--Mœurs et coutumes.
4. Canada--Histoire.
5. Canadiens.
I. Musée canadien des civilisations
II. Titre.

971
F1021 G4614 2013
C2013-980091-3

Publié par le
Musée canadien des civilisations
100, rue Laurier
Gatineau (Québec) K1A 0M8
www.civilisations.ca

Imprimé et relié au Canada

Le présent ouvrage est publié dans le cadre de **Neige**, une exposition réalisée par le Musée canadien des civilisations en partenariat avec le Musée J. Armand Bombardier.

La collection Catalogue-souvenir, 3
ISSN 2291-6377

Table des matières

Avant-propos

La neige. Nous l'adorons et la détestons, l'attendons avec impatience pour ensuite la maudire, y gambadons avec joie et la fuyons à tire-d'aile. Elle peut nous remonter le moral, faire échouer nos projets et mettre notre vie en péril. Elle imprègne notre culture et, durant la plus grande partie de l'année, alimente nos conversations. Notre relation à la neige est à peu près aussi complexe que chacun de ses flocons cristallins. Mais quels que soient nos sentiments à l'égard de la neige, il est impossible de nier les profondes répercussions qu'elle a eues sur l'histoire du Canada, ainsi que sur la vie et l'identité de son peuple. L'exposition et le présent catalogue explorent les liens fascinants et diversifiés qui unissent la population canadienne à la neige.

Les Canadiens ont tous un souvenir précieux associé à la neige : un blizzard, la construction d'un fort de neige, l'automobile impossible à sortir de la neige, un carnaval d'hiver ou l'émerveillement devant un paysage d'une splendeur naturelle. Pour moi, ce souvenir inoubliable remonte à 1970. J'avais sept ans quand ma famille a quitté Toronto, où je suis né, pour s'installer dans notre nouvelle maison à Ottawa. À ma grande joie et à mon plus vif étonnement, la capitale nationale a reçu cet hiver-là 444 cm de neige, soit à peu près quatre fois ma taille à l'époque. Ce fut la plus importante accumulation de neige jamais enregistrée dans l'histoire de la ville. Je vois encore cette photo où je suis en compagnie de l'une de mes sœurs, devant notre maison, au plus fort de la bordée. Derrière nous, une montagne blanche atteint le deuxième étage.

Vous entendrez des histoires similaires partout au pays. Les Terre-Neuviens d'un certain âge se rappellent encore la « tempête de neige meurtrière » qui a frappé St. John's en 1959, les routes ayant été bloquées par des amoncellements de neige de sept mètres de haut. En 1979, un blizzard isolait complètement Iqaluit, enfermant ses résidents dans leurs maisons pendant dix jours. De mon vivant, à peu près toutes les villes canadiennes ont pour ainsi dire vécu leur « tempête du siècle » : à Winnipeg, ce fut en 1966, à Montréal en 1971, à Toronto en 1999 et à Regina en 2012. Même Victoria en a essuyé une. En décembre 1996, cette ville canadienne réputée « sans neige » a été ensevelie en à peine deux jours sous 80 cm de neige. La neige peut nous toucher différemment d'un bout à l'autre du pays, mais elle n'épargne aucun Canadien.

Notre capacité à supporter cet assaut annuel est pour nous une source de fierté, preuve indéniable de notre nature indomptable. Si l'adversité forme le caractère, les Canadiens en ont à revendre grâce, en partie, à la neige.

Bien sûr, la neige est beaucoup plus qu'un fardeau. Elle crée d'extraordinaires possibilités et d'incroyables expériences sensorielles, inconnues de ceux et celles qui habitent des climats plus chauds. Dévaler une pente en toboggan, parcourir un sentier forestier en ski, filer à travers la poudreuse d'un versant montagneux, explorer l'arrière-pays en motoneige ou en raquettes. Voilà des bonheurs inégalés que la neige rend possibles. Comme le souligne si bien Antonine Maillet dans son tout premier roman, *Pointe-aux-Coques*, « La neige possède ce secret de rendre au cœur en un souffle la joie naïve que les années lui ont impitoyablement arrachée ».

Et lorsque tout s'immobilise, *surtout* lorsque tout s'immobilise, la neige fait encore vibrer nos âmes, nous émouvant comme Claude Beausoleil dans *La blessure du silence* : « à la tombée des mots la neige rappelle le silence ».

Il n'est donc pas étonnant que la neige soit un thème récurrent de la littérature canadienne. En effet, celle-ci déborde de descriptions envoûtantes où la neige est parfois douce, parfois tempétueuse, parfois menaçante et parfois amie, ou même iridescente et doublement inspirante, comme dans *Le monde sur le flanc de la truite*, de Robert Lalonde : « Si j'étais peintre, je ferais de grandes toiles de cette neige, qui n'est jamais blanche, jamais tout à fait, qui s'irise, se pastelle, saigne pâle, bleuit comme une eau de lait, s'ensoleille comme un tapis de brins de paille ».

Comme vous le découvrirez dans ce catalogue, la neige a également inspiré des générations d'artistes visuels et de paroliers, et elle a mis au défi nos inventeurs. Les innovations et adaptations canadiennes associées à la neige sont innombrables, allant des traînes, raquettes et vêtements utilisés par les peuples autochtones jusqu'à la motoneige de Bombardier et au chasse-neige rotatif qui a révolutionné le transport hivernal, car il était monté sur les trains pour dégager les voies. L'abondance de notre neige, conjuguée aux talents de nos athlètes, a aussi fait du Canada un champion des compétitions internationales de sports d'hiver, et nous en sommes très fiers.

Le fait que les Canadiens vivent une si grande partie de l'année avec la neige ne les rend cependant pas uniques au monde. Mais vivre avec la neige contribue à nous rendre uniques. Cela fait partie intégrante de notre culture et de notre identité, de notre histoire et de notre psyché. Si l'on veut vraiment connaître ce pays et son peuple, il faut comprendre notre relation à la neige. Le Musée canadien des civilisations est fier de contribuer à cette compréhension au moyen de cette exposition et de ce catalogue remarquables.

J'aimerais exprimer ma gratitude à l'équipe du Musée qui a rendu possible l'exposition **Neige**, ainsi qu'aux nombreux Canadiens et Canadiennes qui ont partagé avec nous leurs photographies et leurs histoires.

Mark O'Neill
Président-directeur général
Société du Musée canadien des civilisations

Entretien avec la conservatrice

« La neige, qui a marqué notre survivance, est devenue aujourd'hui un élément culturel au cœur de l'identité canadienne. »

Quelle est l'importance de la neige aux yeux des Canadiens?

Bianca Gendreau – La neige fait partie de notre histoire. Elle est un élément incontournable de la vie des Canadiens. Que nous l'aimions ou que nous la détestions, elle revient chaque année! Elle a imprégné notre histoire et notre culture, et tous les domaines de la vie en subissent l'influence, qu'il s'agisse de construire une habitation, de voyager ou de se vêtir. Au Canada, la neige est devenue un symbole identitaire qui a inspiré l'imaginaire des peintres, des écrivains, des poètes, des cinéastes et des artisans.

Pourquoi le Musée canadien des civilisations a-t-il décidé d'exploiter le thème de la neige?

B. G. – Le Musée a remporté un franc succès avec l'exposition **Coup de patin – la passion canadienne pour le patinage**, en 2006. Nous voulions poursuivre dans cette veine en réfléchissant sur l'hiver et sa signification aux yeux des Canadiens. Notre démarche nous a permis de nous concentrer sur la neige, un thème qui n'avait jamais été abordé dans une exposition au Canada. Ensuite, nous avons exploré nos collections et nous avons trouvé un grand nombre d'artefacts et de documents d'archives liés à la neige. Plus important encore, un message central s'est dégagé de nos recherches : la neige, qui a marqué notre survivance, est devenue aujourd'hui un élément culturel au cœur de l'identité canadienne.

Comment le Musée a-t-il choisi de présenter le thème de la neige aux visiteurs?

B. G. – Nous voulions aborder ce thème sans négliger les perspectives historiques et contemporaines, mais de manière à toucher le plus grand nombre. Il s'agissait de raconter une histoire culturelle de l'influence de la neige sur notre mode de vie. Nous avons choisi d'approfondir ce thème unique en divers volets qui illustrent notre interaction avec la neige : l'identité, l'adaptation, l'ingéniosité, la passion et l'inspiration. Un aspect nous tenait à cœur : l'importance des connaissances traditionnelles des Premiers Peuples ayant permis à nos ancêtres de s'adapter à la neige et ainsi de survivre. Au fil des générations, nous avons appris à connaître et à apprivoiser cet élément de la nature. Nous avons commencé à pratiquer des activités sportives l'hiver et à nous inspirer du thème de la neige dans nos productions artistiques. La neige nous a forcés à devenir ingénieux. Les visiteurs ne pourront que le constater en voyant, par exemple, l'évolution de nos moyens de transport, qui sont de plus en plus adaptés. Au terme de ce parcours, les visiteurs sont invités à réfléchir à l'importance de la neige et de son rôle dans l'agriculture, l'industrie hydro-électrique et l'industrie touristique. Nous espérons que cette exposition incitera nos visiteurs à faire part de leurs souvenirs et de leurs réflexions liés à la neige, et à mettre en évidence son rôle dans leur vie.

Plus précisément, que verront les visiteurs?

B. G. – L'exposition comprend plus de 300 artefacts, objets et documents d'archives provenant des collections d'ethnologie, d'histoire, d'histoire postale, d'art inuit et d'art populaire du Musée. D'autres institutions, comme le Musée J. Armand Bombardier, le

Panthéon des sports canadiens, le Centre d'histoire de Montréal et Bibliothèque et Archives Canada, ont prêté plusieurs objets. Nous avons choisi de mettre les objets en valeur dans un décor fait de panneaux découpés qui évoque un environnement sous la neige. Ce type de découpage évoque la ville ou la campagne, et chaque zone de l'exposition a une signature qui la distingue des autres. L'éclairage ajoute un autre élément dramatique à cette mise en scène en rappelant les divers moments d'une journée enneigée. Des présentations vidéo permettent de montrer le plaisir des activités pratiquées dans la neige, mais aussi la corvée du déneigement et même des scènes de films où la neige est omniprésente. Par ailleurs, nous avons prévu de proposer à d'autres institutions muséales une exposition itinérante montée à partir de l'exposition originale.

Le Musée a également lancé un appel à tous au cours des derniers mois afin de recueillir des photos montrant la relation passée ou présente des Canadiens à la neige. Quelle est la place de ces photos dans l'exposition?

B. G. – Elles occupent la place d'honneur! Le mur de l'entrée, là où se trouve la signature de l'exposition, leur est consacré. Nous avons reçu plus de 440 magnifiques histoires et photos illustrant les liens que les Canadiens tissent avec la neige. Promenades dans la neige, descente en skis, corvée de pelletage, bonshommes de neige, tempêtes, paysages, photos d'archives, photos du Canada sous la neige prises de la station spatiale internationale par nul autre que l'astronaute canadien Chris Hadfield : la richesse de cette collection de photos est unique! Et nous sommes reconnaissants à tous ceux et celles qui ont bien voulu répondre à notre appel.

Introduction

La neige, que l'on adore ou que l'on subit, fait partie de notre quotidien. Que ce soit un beau tapis blanc ou l'interminable caprice d'une nature injuste qui envahit nos rues, la neige a contribué à façonner notre identité.

La neige n'est pas l'hiver, car il existe une saison nommée hiver, mais la neige n'y est pas toujours associée. La neige n'est pas la glace, car la glace peut exister sans la neige. La neige a un caractère particulier. On peut la considérer comme un phénomène météorologique, mais dans notre histoire et notre société, la neige est indissociable de notre culture dans toutes ses dimensions : sociale, économique, architecturale, artistique, littéraire, musicale et sportive.

C'est Voltaire, dans son conte *Candide*, qui a dit en 1758 que le Canada n'est que « quelques arpents de neige ». Cette perception exagérée du Canada dont l'expression fait maintenant partie de notre culture populaire est plutôt juste. De nombreuses régions du pays sont couvertes de neige de cinq à six mois par année, sauf que l'étendue de cette neige dépasse les « quelques arpents ».

Sommes-nous vraiment
un pays de neige?

David et Vénus, Gatineau (Québec), décembre 2009.
Quelle meilleure façon de fêter Noël que de jouer dans la neige avec son chien!

Au Canada, chaque année, nous attendons l'arrivée de cette neige. Les uns avec appréhension, les autres avec enthousiasme. Nous avons appris à nous y adapter grâce à un savoir-faire qui a évolué avec le temps. La neige nous étonne, tant par sa beauté que par son imprévisibilité. Le temps qu'il fait et, surtout, les tempêtes de neige nous fascinent, nous inquiètent et influent sur nos occupations. La neige demeure l'un des sujets de conversation préférés des Canadiens.

Les Canadiens aiment se vanter de leur résistance face au climat qu'ils endurent. Tempêtes du siècle, blizzards, bourrasques de neige – ces soubresauts de la nature occupent nos pensées. Aujourd'hui, notre relation à la neige a changé. Il n'est plus question de survivre à la neige, mais imprévue, elle peut encore être dangereuse. Les nouvelles technologies nous permettent d'être informés des chutes de neige en temps réel. Ces informations sont essentielles pour planifier nos déplacements, nos activités et même l'habillement des enfants.

Raquettes
1850-1912

Chapeaux d'hiver
1920-1950

« Mon pays ce n'est pas un pays c'est l'hiver »
Serge Chapleau
1998

Hôtel

Avec le temps, les Canadiens ont fait preuve de détermination et d'ingéniosité pour apprendre à vivre avec la neige. Nous avons trouvé des moyens de communiquer et de nous déplacer malgré la neige, surmontant ainsi l'isolement qu'elle imposait. Apprivoisée, la neige est même devenue un plaisir, une passion, pour les amateurs de sports d'hiver, les athlètes, les enfants…

La neige aimée ou détestée fait aussi partie de l'imaginaire des artistes canadiens, et leurs œuvres témoignent de son importance dans notre société. Les artistes révèlent la monochromie et l'immensité des espaces enneigés, les blizzards, les dangers, mais aussi la vie quotidienne en plein hiver. Poètes, chansonniers, cinéastes, écrivains, artisans, peintres, sculpteurs, tous explorent cet élément identitaire qu'est la neige.

Dans l'exposition **Neige**, il ne fut pas possible de présenter toutes les facettes de cette culture liée à la neige. Des choix, parfois difficiles, ont été faits en privilégiant les collections du Musée canadien des civilisations. Les images et les histoires présentées dans l'exposition et dans ce catalogue témoignent de la formidable place qu'occupe la neige dans nos vies.

Méchante tempête, Saint-Apollinaire, près de Québec, le 3 mars 2008.
« Pris dans une tempête sur l'autoroute 20, j'ai dû arrêter pour la nuit et attendre que la neige arrête de tomber. Tous ne sont pas si chanceux », dit Bernard Brault.

Vivre avec la neige

Les peuples autochtones sont les premiers à occuper les régions enneigées d'Amérique du Nord. Ils mettent au point divers moyens de vivre avec la neige et de faciliter leurs déplacements.

Les vêtements en peau souples et imperméables sont indispensables quand il s'agit de survivre à la neige et au froid. Les peuples autochtones ont su adapter de nombreux types de vêtements qui, en plus d'être fonctionnels, sont de vraies œuvres d'art. Soigneusement confectionnés, ces vêtements reflètent les traditions régionales et culturelles ainsi que l'âge et le sexe de ceux qui les portent. Le mocassin, entre autres, s'avère indispensable, les souliers de cuir rigides ne pouvant pas être portés avec des raquettes.

Dans son journal, Henry Ellis, explorateur qui part à la recherche d'un passage vers le Nord-Ouest en 1746-1747, décrit en détail les vêtements en peau des Inuits qu'il rencontre dans la région de la baie d'Hudson. Cette citation traduite de l'anglais en 1750 nous donne une description détaillée des lunettes de neige portées par les Inuits pour protéger leurs yeux de la cécité des neiges.

« Si la façon de leurs habits et des autres choses nécessaires est si bien inventée, celle de leurs yeux artificiels, (qu'ils appellent avec beaucoup de raison, *yeux de neige*) ne l'est pas moins. Ce sont des morceaux de bois ou d'ivoire, proprement travaillés, qui servent à couvrir la vue, et qui s'attachent au derrière de la tête : à chaque morceau de bois il y a deux ouvertures, aussi longues que les yeux, mais étroites, et à travers desquelles ils voient très distinctement, et sans la moindre incommodité : cette invention prévient l'aveuglement de neige, maladie très fâcheuse et douloureuse, et qui provient de ce que les yeux sont trop affectés, par la quantité de lumière que la neige réfléchit avec force, surtout au printemps, que le soleil est si passablement haut. L'usage de ces instruments fortifie prodigieusement la vue, et ils s'y accoutument, que lors qu'ils veulent observer quelque objet à une grande distance, ils s'en servent comme nous de nos télescopes. »

Les colons européens adaptent aussi leurs vêtements pour tenter de conserver la chaleur, adoptant le capot et le bonnet de fourrure. En 1863, Philippe Aubert de Gaspé décrit le costume d'hiver des colons : « Leur costume est le même : capot de couverte avec capuchon, mitasses écarlates bordées de rubans verts, jarretières de laine bleue tricotées, large ceinture aux couleurs vives et variées ornée de rassades, souliers de caribou plissés à l'iroquoise, avec hausses brodées de porc-épic, et enfin, chapeau de vrai castor rabattu sur les oreilles au moyen d'un fichu de soie rouge noué au col. »

Ces lunettes en bois ou en ivoire protègent les yeux de la cécité des neiges. Leur étroite fente empêche le nerf optique d'être brûlé par la réflexion du soleil sur la neige.

Lunettes en ivoire de morse
Thuléen, île Devon (Nunavut)
Vers 1300

Lunettes en ivoire de morse
Thuléen
Vers 1250-1600

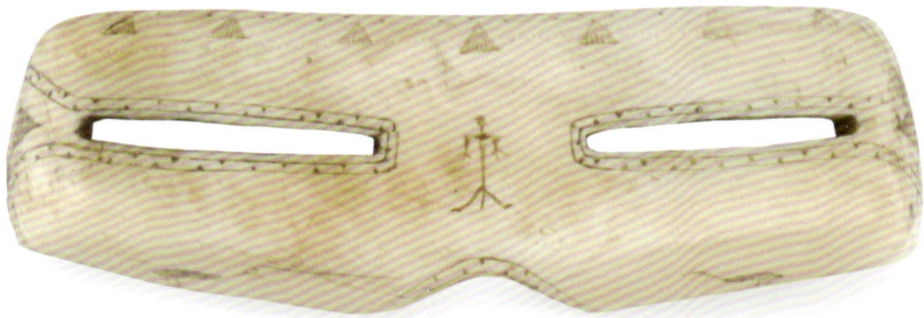

Lunettes
Inuvialuit (Inuit de l'ouest de l'Arctique)
19e siècle

Famille anishnaabe (saulteaux) près du lac Winnipeg en hiver
Peter Rindisbacher
1825
Lithographie aquarellée à la main
Bibliothèque et Archives Canada
C-040820

Mitaines
De gauche à droite : Subarctique de l'Est (vers 1960), Innu (vers 1950), Cri (vers 1960)

Bottes en peau de phoque et de caribou
Inuinnaq
Vers 1914-1916

L'ethnologue Diamond Jenness a recueilli ces bottes pendant un séjour de plusieurs mois avec une famille puivlik dans le sud-ouest de l'île Victoria (Nunavut).

Bottes d'homme
Inuinnaq
Vers 1914-1916

Ces bottes sont surdimensionnées pour pouvoir être portées par-dessus des chaussons d'intérieur.

Pl. 11. tom. 2. pag. 220.

À l'époque de la Nouvelle-France, la méconnaissance de la neige suscite au tout début la surprise et le désarroi chez les nouveaux venus européens. La neige vient intensifier le sentiment d'isolement, favorisant ainsi très tôt des emprunts aux peuples autochtones : la traîne et la raquette. Ces nouveaux moyens de transport permettent de contrecarrer l'isolement et ainsi faciliter l'acclimatement à la neige.

Mœurs des sauvages amériquains, comparées aux mœurs des premiers temps
Joseph François Lafitau
Paris, Saugrain l'aîné, 1724

Lafitau est un fin observateur. Dans son livre illustré de croquis, ce jésuite décrit en détail les années (1711-1717) qu'il a passées avec les Iroquois.

La neige contribue aussi à définir les modes de vie. Le récollet Gabriel Sagard affirme en 1636 : « Pendant les grandes neiges, nous étions souvent contraints de nous attacher des raquettes sous les pieds, ou pour aller au village, ou pour aller quérir du bois. » Avec les raquettes, on se sert également d'un toboggan pour transporter des marchandises. Selon la description laissée par Joseph François Lafitau, ces traînes sont constituées de lattes de bois recourbées à l'avant d'une largeur d'environ 30 cm et d'une longueur d'environ 2 m. Il existe aussi un type de traîne montée sur des patins et tirée par des chiens. Elle est utilisée surtout dans le Nord, où la neige est dure et plus glacée. Quel que soit le moyen de transport privilégié, il assurera aux premiers voyageurs la possibilité de transporter de la nourriture, des couvertures et une arme, essentiels lors des déplacements l'hiver.

L'adaptation à la neige sera progressive et ponctuée d'essais. La conjugaison des anciennes pratiques et des nouvelles coutumes fera l'objet d'un long apprentissage.

Le temps qu'il fait

On peut dire qu'au Canada, la météo fait partie de notre imaginaire collectif. La météo est une préoccupation nationale. Elle figure au premier rang de nos sujets de conversation et nous pousse à communiquer avec nos proches qui font face à des conditions météorologiques difficiles pour nous rassurer sur leur sort ou leur témoigner notre sympathie. Nous maudissons ou louons avec une égale ardeur les phénomènes météorologiques.

Mitaines

De gauche à droite : mitaines (vers 1870), mitaines de pêcheur utilisées à Terre-Neuve dans les années 1960, mitaines des années 1880

Bottes
De gauche à droite : bottes de femme (vers 1900), bottes de femme (vers 1960), bottes d'enfant (vers 1940)

La neige dans tous ses états

Quel plaisir d'être les premiers à marcher sur un beau tapis de neige blanche!
Mais les conditions climatiques peuvent transformer cette belle neige en bourrasque, en poudrerie et même en blizzard. Une neige abondante peut paralyser une ville, endommager les lignes électriques, abattre des arbres et, dans les régions montagneuses, provoquer des avalanches.

Nous sommes fascinés par la diversité des conditions météorologiques qui traversent le pays. Les différences géographiques sont en effet importantes. Selon qu'on vit à Moncton, Sept-Îles, Victoria ou Medicine Hat, on peut crouler sous le poids de la neige ou en être plus ou moins épargné. La ville de Gander reçoit le plus de neige au pays. La neige se mesure alors en mètres et non plus en centimètres.

Il faut avouer que les Canadiens sont fiers de leur résistance face au climat rigoureux. Rigoureux, il l'est. Nos hivers enneigés nous exposent souvent à des conditions extrêmes qui sont difficiles à vivre.

Pour les premiers colons, surmonter les difficultés provoquées par la neige était un souci constant. Aujourd'hui, il en va de même avec les tempêtes de neige, dont certaines restent gravées dans les esprits pendant des années. Les habitants des provinces atlantiques connaissent bien ce genre de tempête. En 2007, ils en ont essuyé trois en huit jours. Soixante ans auparavant, Calgary a vécu la même chose pendant dix jours. Du 30 janvier au 8 février 1947, une tempête a enseveli la ville et paralysé le chemin de fer.

La tempête du siècle à Montréal

Le 4 mars 1971, une tempête de neige sans précédent frappe le Québec. Les Montréalais s'en souviennent encore. La ville reçoit quelque 50 cm de neige en moins de 24 heures, et les vents soufflent à 110 km l'heure. Ce n'est pas la quantité de neige qui en fait la « tempête du siècle », mais l'intensité de la chute de neige, la vitesse du vent et l'accumulation de neige au sol au début de la tempête.

Dans les Laurentides et certaines communautés en Gaspésie, la neige est plus abondante, mais Montréal est particulièrement touchée car, à part le métro, tous les moyens de transport sont immobilisés. Tout s'arrête. Les journaux ne sont pas publiés, les commerces et les écoles sont fermés. Le maire de Montréal, Jean Drapeau, selon qui « l'enlèvement de la neige dans une ville comme Montréal [est] une véritable opération militaire », demande aux Montréalais de prendre le métro pour permettre aux déneigeuses de dégager les rues. Pour la première fois, le métro circule toute la nuit. Les rues de la ville sont prises d'assaut par les motoneigistes qui offrent transport et secours.

« l'enlèvement de la neige dans une ville comme Montréal [est] une véritable opération militaire »

Chapeaux
De gauche à droite : chapeau de cocher (vers 1900), casque de pilote (vers 1950), bonnet de facteur en fourrure (vers 1950)

« It's terrible out here! »
(C'est horrible ici!)
Adrian Raeside
Victoria Times Colonist,
le 14 janvier 1998

On fait ce que l’on peut pour dégager sa voiture à Montréal lors d’une tempête en 2012.

Connaître la neige

La neige intrigue et fascine depuis toujours. De nombreux scientifiques ont tenté d'expliquer ce que c'est qu'un flocon de neige.

En 1611, le mathématicien Johannes Kepler (1571-1630) écrit un traité de 24 pages, *On the Six-Cornered Snowflake* (Le flocon de neige hexagonal), dans lequel il s'interroge sur la symétrie hexagonale des flocons. Il raconte que l'inspiration lui est venue en voyant des flocons de neige se déposer sur son manteau quand il traversait le pont Charles à Prague. Quelques années plus tard, en 1635, René Descartes décrira les cristaux de neige, et l'invention du microscope permettra à Robert Hooke de nous présenter, dans *Micrographia* (1665), la complexité des flocons de neige.

Les premiers flocons de neige de l'année rendent généralement les gens joyeux en couvrant le sol gris et les arbres dénudés d'un blanc qui illumine le paysage, même la nuit. Cependant, cette neige généreuse peut rapidement devenir menaçante si l'on ne connaît pas les signes annonciateurs des chutes de neige ou leur durée.

Magnifiques flocons

Robert Clow Todd
Le Cône de glace de la chute Montmorency, vers 1840
Huile sur carton
35,6 x 45,7 cm
Musée national des beaux-arts du Québec
1995.02

« sur la terre il y avait la hauteur de quatre pieds de neige et plus, tellement qu'elle était plus haute que les bords de nos navires »

Les méthodes d'observation des conditions météorologiques ont évolué au cours des siècles, et les sources de ces observations sont variées. Autrefois, bien avant la création du premier centre canadien d'observation météorologique en 1871, les journaux d'explorateurs, de scientifiques, de militaires et d'autres voyageurs ont longtemps guidé notre connaissance de la neige. Ces connaissances traditionnelles étaient liées à de nombreux domaines de la vie quotidienne, dont l'habillement et le transport, sans compter le traitement de maladies au moyen de plantes médicinales, de l'alimentation et de la chasse.

Jacques Cartier, le premier explorateur européen à hiverner dans la vallée du Saint-Laurent, en 1535-1536, connaît les rigueurs de l'hiver canadien :

« Depuis la mi-novembre jusqu'au dix-huitième jour d'avril, nous avons été continuellement enfermés dans les glaces, lesquelles avaient plus de deux brasses d'épaisseur, et sur la terre il y avait la hauteur de quatre pieds de neige et plus, tellement qu'elle était plus haute que les bords de nos navires. »

Samson et le bonhomme de neige, Deroche (Colombie-Britannique), 2012.
Samson, sept ans, mettra plusieurs heures à construire ce magnifique bonhomme de neige avec son père.

Un autre explorateur, Samuel de Champlain, mentionne à plusieurs reprises dans son journal le temps qu'il fait et précise que plus de quatre pieds de neige demeurent encore sur le sol à la fin d'avril. La Nouvelle-France ne cesse de susciter la curiosité pour sa faune, sa flore et ses minéraux, mais aussi son climat. Jean-François Gaultier, médecin et naturaliste qui s'établit à Québec en 1742, met sur pied une première station météorologique. Dans un journal quotidien, il note, entre autres, les températures, l'état du ciel et la direction du vent. Ses observations pour les années 1742 à 1749 sont publiées dans les Mémoires de l'Académie royale des sciences. Il s'agit de la première tentative de quantification du climat canadien.

Pendant des décennies, les employés de la Compagnie de la Baie d'Hudson consignent dans leur journal personnel les événements qui ont lieu près des postes de traite. Parmi eux, Peter Fidler accumulera pendant plus de trente ans des observations sur la topographie et le mode de vie des Autochtones, ainsi que des informations indispensables sur le climat.

L'almanach est une autre source d'information essentielle. Dans les colonies britanniques, ce petit outil de référence se trouve souvent dans les foyers. Au Québec, les premiers almanachs apparaissent sous forme de calendriers détaillés imprimés au recto d'une feuille que l'on fixe au mur chez soi. Ces calendriers fournissent les noms des fonctionnaires, des informations pratiques sur les astres et les marées, ainsi que des prévisions sur la température et les quantités de neige prévues pour l'année.

Les chemins d'hiver

Circuler en ville ou à la campagne peut s'avérer toute une expédition. Nombreux sont les récits de personnes qui se sont perdues dans la neige. Voilà pourquoi, très tôt, on adopte des moyens permettant de s'orienter. Les intendants de la Nouvelle-France émettent des ordonnances obligeant les gens à délimiter les chemins et à tasser la neige pour faciliter le transport des personnes et des marchandises. Une ordonnance datant de 1706 précise :

« Les chemins étant impraticables dans cette saison dans tout ce pays, à cause de la quantité de neige qui est sur la terre et sur les rivières, et ceux qui voyagent courent souvent le risque de se perdre. Nous ordonnons aux habitants et seigneurs des gouvernements de Québec, Montréal et des Trois-Rivières (chacun en droit soi) de baliser les chemins dans l'étendue de leur seigneurie et de leur habitation… »

Les déplacements dans la neige, le froid et le vent sont tout un défi. Lorsqu'on conjugue ces difficultés au fait que les voyages se faisaient dans des endroits reculés, les récits de voyageurs nous laissent un témoignage incroyable.

« ceux qui voyagent courent souvent le risque de se perdre »

Autoneige prototype
1958

La neige qui s'abat sur une ville ou un village peut rapidement paralyser les voies de communication. Vers la fin des années 1920, au Québec, Joseph-Armand Bombardier, habile mécanicien, cherche à concevoir un véhicule chenillé pour le transport sur la neige et ainsi à vaincre l'isolement rural durant l'hiver. Ce véhicule, conçu par Bombardier, inspirera les célèbres motoneiges Ski-Doo.

Raquettes pour cheval
Vers 1900

Ces raquettes étaient très utiles quand les chevaux devaient tirer de lourdes charges dans la neige épaisse.

Sophie Alice Puckette a 18 ans quand elle émigre avec sa famille du Kansas à l'Alberta en 1903. Dans son journal, dont les pages sont scrupuleusement remplies, elle raconte le voyage jusqu'à leur ferme en hiver. La famille apporte ses possessions les plus précieuses, dont l'orgue familial, et tout est transporté sur des traîneaux. Bien attaché et couvert pour le protéger de la neige, l'orgue arrivera à destination. Ce récit nous révèle les inquiétudes et les espoirs de ces immigrants et nous permet de mieux comprendre leur vécu.

Les journaux personnels et les lettres écrits sur la route ne sont pas toujours faciles à lire, mais ils mettent en évidence la difficulté de la communication. En 1878, Lovisa McDougall voyage sur la Carlton Trail, la principale route traversant les Prairies. Elle écrit à son frère : « La dernière fois que je t'ai écrit, c'était il y a environ un mois. On était alors à la ferme des Yeomands, près du Portage. Je n'ai pas eu l'occasion de t'écrire depuis. Nous voyageons sans interruption depuis cinq semaines et nous n'avons trouvé aucun endroit où poster une lettre[1]. »

Le transport de colis et de provisions constitue aussi tout un défi. La vie quotidienne ne s'arrête pas pendant l'hiver. Vers le milieu du 19e siècle, on voit apparaître des véhicules commerciaux destinés à répondre aux besoins créés par l'urbanisation et l'industrialisation. Berlots, traînes et traîneaux arpentent les routes enneigées, assurant la livraison de glace, de bois de chauffage, de charbon et même de sacs de courrier.

---

[1] Texte original : I wrote you last about a month ago from Yeomands farm near the Portage. I have not had any chance since to write until now. We have been travelling for 5 weeks steady and had no chance to post a letter any place.

Traîneaux de livraison assemblés devant le magasin Paterson Brothers, Toronto, vers 1900.

WMD
MA
RICKER
1913

Pendant longtemps, partout au Canada, les déplacements sur les routes enneigées sont souvent impossibles. Les routes qui relient les villes et les villages sont pratiquement fermées. Jusqu'à l'arrivée des premiers véhicules munis d'une lame pour pousser la neige, dans les années 1930, le déneigement se fait à l'aide d'un grattoir tiré par un cheval qui balise le chemin ou d'un rouleau qui aplatit la neige. Dans tout le pays, on s'affaire à perfectionner des véhicules pour contrer l'isolement créé par la neige.

Les moyens qui nous permettent de nous déplacer sur la neige se sont améliorés avec le temps, mais il n'en demeure pas moins que la prudence s'impose. En effet, l'évolution rapide des conditions météorologiques peut provoquer une catastrophe. En décembre 2010, deux semaines avant Noël, une tempête de neige traverse la moitié de l'Amérique du Nord, et en Ontario, la belle neige se transforme en cauchemar. Près de Sarnia et de Strathroy, les rafales rendent l'autoroute 402 vite impraticable, les amoncellements de neige atteignant la hauteur des hanches. Des files de voitures et de camions sont bloquées par un mur de neige. Plus de 300 personnes se trouvent piégées dans leurs véhicules par un froid de -25 °C. On voit alors surgir de l'aide de partout. Les résidents locaux, les clubs de motoneige et des agriculteurs se mobilisent pour mettre ces personnes à l'abri du danger.

Transport du bois au lac Pigeon (Alberta), vers 1910.

Voiture d'hiver de la famille Regier
Vers 1950

Ce véhicule construit entièrement à la main abritait même un petit poêle à bois pour qu'on puisse se tenir au chaud durant les longs trajets.

« La neige dont les étrangers s'effraient nous fait les plus beaux chemins du monde. »

Les promenades en hiver

La neige peut quand même offrir des avantages distincts pour les voyages. « La neige dont les étrangers s'effraient nous fait les plus beaux chemins du monde », dit Jean-Charles Tassé en 1855. En plus d'embellir le paysage, la neige aplanit les chemins.

Le froid étant intense, les gens s'emmitouflent de « peaux de carriole » quand ils rendent visite à leur famille et à leurs amis. Ils voyagent en traîneau, dont il existe un grand nombre de modèles, communément appelés *sleighs*. Ces véhicules reflètent souvent le statut social de leurs propriétaires.

Les traîneaux ont deux patins arrondis pour glisser plus facilement sur la neige. Faire galoper ses chevaux est un plaisir pour nombre de personnes. Ces excès de vitesse sont vite réprimandés. En février 1716, l'intendant Michel Bégon est obligé d'intervenir par une ordonnance qui défend aux habitants de la Nouvelle-France de faire galoper leurs chevaux à la sortie de l'église. Les contrevenants encourent une amende de vingt livres.

Le pelletage et ses outils

En ville comme à la campagne, il faut pelleter la neige pour pouvoir circuler autour de sa maison et dans les rues. Les méthodes de déneigement ont évolué avec le temps pour tenir compte des conditions de vie des Canadiens.

Lorsque la neige rend les routes impraticables, la situation peut présenter toutes sortes de dangers. Les nombreuses demandes de brevets pour des modèles de pelles ou de chasse-neige améliorés révèlent les efforts que font les Canadiens pour trouver une solution à ce problème.

En 1890, Victor Lemieux, quincailler de la ville de Québec, dépose un brevet pour la « pelle à neige Victor », qu'il a inventée. Son croquis montre une pelle en bois à palette arrondie pour mieux contenir la neige. Le manche est vissé sous la palette, facilitant ainsi la manipulation de la neige durcie par le froid. Quelques années plus tard, en 1908, George Graham et John C. Martin, de Rounthwaite (Manitoba), proposent un chasse-neige rotatif qui peut être installé sur l'avant d'une locomotive ou d'un camion.

De tout temps, les chutes sur la neige glacée lors de la livraison du courrier constituent l'un des principaux risques du travail du facteur. Cela a peut-être nourri la réflexion de David Flack, un facteur de Toronto qui dépose un brevet en 1885 pour une pelle en bois dont le rebord est renforcé de métal. L'inventeur affirme que sa pelle est des plus appropriées pour dégager les trottoirs et les chemins.

Corvée de déneigement sur la rue Notre-Dame, Montréal, vers 1887.

Le déneigement pose toujours les mêmes défis, mais ils s'amplifient. En 2010, la Ville de Montréal a déneigé 4 100 km de rues et 6 550 km de trottoirs. Cette vaste opération a coûté 145 millions de dollars.

JOSELIN & CO.
M. HICKS & CO.
AUCTIONEERS
Jas. STEEL
FURNITURE
BROWN
SIGNS
WANZER'S
SEWING MACHINES
D. FARROW

Une autre invention canadienne, le chasse-neige rotatif Elliott-Jull, révolutionne le transport hivernal. Il est constitué d'une grande roue à lames multiples ressemblant à un ventilateur qui propulse la neige loin devant les trains. Cette invention est le fruit de l'ingéniosité de deux hommes, J. W. Elliott et Orange Jull. En 1869, Elliott, dentiste de Toronto, fait breveter son idée d'une pelle à neige rotative que Jull perfectionnera en 1884. Le chasse-neige Elliott-Jull sera utilisé pendant de nombreuses années sur les trains nord-américains.

La construction d'un chemin de fer transcontinental qui relie le Canada d'est en ouest est un projet titanesque et un véritable défi en hiver. Avant que le dernier crampon puisse être enfoncé à Craigellachie (Colombie-Britannique), la ligne doit traverser une chaîne montagneuse de la province, les Selkirk. Selon les arpenteurs du Chemin de fer du Canadien Pacifique, le col Rogers, situé à plus de 1 000 m d'altitude, est le passage qui permettra de franchir ces montagnes. En 1885, on y installe pas moins de 31 paravalanches pour protéger les trains, les rails, les voyageurs et les travailleurs. Malgré cela, chaque hiver, des centaines hommes sont dépêchés le long des voies pour dégager les rails de la neige et même des avalanches. La neige constitue un véritable danger au col Rogers, et même les chasse-neige rotatifs sont insuffisants. Entre 1885 et 1916, plus de 200 personnes y perdent la vie en raison des avalanches. En 1916, le tunnel Connaught, long de huit kilomètres, traversera les montagnes au-dessus du col, qui sera abandonné.

Le déneigement en milieu urbain est une lourde tâche jusqu'au début du 20e siècle. L'amélioration technique des chasse-neige et des premières souffleuses permettra de réduire la main-d'œuvre et le temps nécessaires pour dégager les montagnes de neige qui bloquent les rues.

Cette invention canadienne révolutionne le transport hivernal. Photo prise au col Rogers, en Colombie-Britannique, vers 1887-1889.

Au 19e siècle, le principal outil de déneigement est la pelle.
De haut en bas : vers 1900, vers 1850, vers 1900

Toutes sortes de pelles sont utilisées. Les habitants des régions urbaines participent aux corvées de déneigement. La neige est pelletée dans des traîneaux tirés par des chevaux qui la transportent à des endroits prévus à cet effet.

Véhicule de déneigement J5 tracteur
1957

Puisque ces véhicules utilitaires sont utilisés pendant nos rudes hivers, ils se détériorent. La restauration de ce petit tracteur à neige avec des pièces originales a exigé des centaines d'heures de travail minutieux.

Communiquer malgré la neige

À l'heure du téléphone et du courrier électronique, il est difficile d'apprécier l'importance que pouvait prendre une lettre. C'est l'absence qui dicte le besoin d'écrire, que ce soit pour des raisons de voyage ou de déplacements d'affaires, en situation de guerre, ou par amour ou amitié. Le 3 novembre 1896, Charles Colby écrit dans une lettre à sa femme : « Je m'agite si le facteur arrive une demie heure en retard, et ce serait intolérable de ne pas avoir de nouvelles, ne serait-ce qu'un jour, sauf le dimanche, qui est inévitable[2]. »

L'acheminement du courrier, indispensable aux relations professionnelles et interpersonnelles, peut être tout un défi en hiver. Il est difficile de se rendre au village ou en ville pour poster sa lettre quand les chemins sont impraticables en raison de la neige. Le courrier est acheminé par traîneau. Malgré la neige et le froid, tous dépendent d'un service postal régulier et efficace. Le ministère des Postes annonce dans les journaux locaux l'octroi de contrats de transport du courrier. Dans une annonce parue en 1842, il précise que le courrier doit être transporté dans un traîneau tiré par quatre chevaux entre les bureaux de poste de Montréal et de Prescott (Ontario) et que le trajet doit être fait en 26 heures ou moins, et ce, sept jours par semaine. Ces exigences permettaient d'assurer l'efficacité du service postal, quelles que soient les conditions météorologiques.

[2] Texte original : I find myself getting restless if the postman is half an hour late, and to go a whole day without fresh word — except over Sunday which is inevitable — would be intolerable.

La poste royale à Québec
Amelia Frederica Dyneley
1848
Aquarelle
Bibliothèque et Archives Canada
C-040269

Les communications sont également essentielles au développement du pays, dont la population augmente de façon importante. Cette croissance démographique suscite une demande accrue auprès du service postal. Le nombre de lettres, colis, journaux et catalogues augmente sans cesse. Vers 1880, dans des villes comme Halifax, Montréal et Winnipeg, on met en place une flotte de véhicules pour transporter le courrier de la gare au bureau de poste.

Les gens s'attendent à un service postal rapide, accessible, abordable et fiable en été comme en hiver. Des circulaires affichées dans les bureaux de poste indiquent les services offerts l'hiver. En 1909, un service spécial est offert entre Edmonton (Alberta) et Fort McPherson (Territoires du Nord-Ouest) et les endroits entre ces deux destinations. Dans ce cas, seules les lettres sont permises. Une lettre ou une carte postale revêt alors toute une signification.

La lettre n'est pas une simple transmission de nouvelles, mais une source continuelle d'informations. Les lettres des immigrants venus s'installer au Canada révèlent les inquiétudes et les espoirs de ceux-ci. Dans les années 1880, Anna Leveridge écrit des lettres à sa famille en Angleterre, adressées à « Ma très chère mère et tous ». La lettre n'est plus destinée à une seule personne, mais à tout l'entourage. Lue à voix haute, elle est partagée avec toute la famille et les amis. Anna habitait à Hastings County (Ontario), à plus de 100 km du bureau de poste le plus proche, et l'arrivée du courrier, surtout en hiver, était tout un événement.

Traîneau servant au transport du courrier
Vers 1900

La circulation de lettres et de colis était constante. On a mis en place un système d'acheminement du courrier entre la gare et le bureau de poste en fonction de l'horaire d'arrivée et de départ des trains. Ce traîneau a été utilisé par la Canadian Transfer Co. Limited, qui avait un contrat avec le ministère des Postes pour transporter le courrier. Il porte l'inscription « Royal Mail » d'un côté et « Poste royale » de l'autre.

Mary Percy a 25 ans lorsqu'elle répond à une offre du gouvernement de l'Alberta concernant la pratique de la médecine à Peace River. Elle s'installe dans une région où les déplacements en hiver se font en raquettes ou en traîneau. En 1929, elle écrit : « Quel régal que de recevoir du courrier de la famille à Noël! Ce fut tout simplement colossal – littéralement, car j'ai dû transporter un grand sac et il y avait un mètre de neige sur le sentier à certains endroits. J'ai reçu un pouding de Noël (le plat était cassé, mais le pouding était intact, Dieu merci). J'ai également reçu un magnifique gâteau[3]. »

Les lettres traduisent le besoin vital qu'ont les immigrants de communiquer leurs expériences. En plus de nous décrire ce que leurs auteurs voient et découvrent, ces écrits quotidiens témoignent du caractère indispensable d'un service postal adapté aux saisons.

---

[3] Texte original : What a treat it was to get mail from home at Christmas time! It was simply of staggering proportions – literally so when I had to carry a big sackful of drifts three or four feet deep across the trail. I got a Christmas pudding (the pudding basin was broken, but the pudding was intact, praise be). I also received a magnificent cake.

Courrier prêt à être acheminé de Dawson à Valdes, le 22 mars 1901.

À l'époque de la ruée vers l'or, lorsqu'on est au Yukon, à des milliers de kilomètres de sa famille, le départ et l'arrivée de la poste sont attendus avec impatience.

La passion de la neige

La neige mal aimée, source d'isolement ou de danger, devient magique pour les amateurs de sports d'hiver au Canada.

Les années 1850-1890 marquent le début d'une passion pour les sports de glisse. Les premiers clubs voient le jour et bénéficient du patronage de personnalités politiques. Les femmes s'y adonnent, divers sports se développent et se codifient, et des équipes sont formées. Les sports de neige s'enracinent dans la société canadienne.

Au Canada, dès l'enfance, nous jouons dans la neige et sommes initiés aux sports d'hiver. Aujourd'hui, plusieurs millions de Canadiens pratiquent une activité organisée sur la neige chaque année.

Cornelius Krieghoff
Course en traîneau sur la glace
1861
Huile sur toile
Musée des beaux-arts de Montréal

Les grandes étendues recouvertes de neige blanche sont pour certains irrésistibles. En hiver, les routes ne sont pas les mêmes qu'en été. On peut traverser champs et lacs gelés. Cela favorise des activités comme les courses de chevaux, qui sont des plus populaires. Cornelius Krieghoff et d'autres peintres nous ont laissé des œuvres qui en témoignent.

Ensemble de ski des Crazy Canucks
Vers 1970

La combinaison et les skis appartenaient à Steve Podborski, le casque à Dave Irwin, les bottes à Dave Murray, et les bâtons, les gants et les lunettes à Ken Read.

Le pain de sucre
James Pattison Cockburn
1829
Aquarelle colorée
à la main
Bibliothèque et
Archives Canada
C-095622

Les officiers britanniques sont nombreux à peindre les paysages enneigés de Québec. Lors de son séjour dans la capitale (1826-1832), James Pattison Cockburn crée des œuvres d'une valeur documentaire inestimable, car elles montrent la vie sociale et les divertissements de l'époque. L'hiver, un cône de glace, communément appelé le « pain de sucre », se forme au pied des chutes Montmorency, près de Québec. Au 19e siècle, ce cône est l'une des attractions les plus populaires pour les glissades en toboggan et les promenades en traîneau.

La glissade en toboggan au High Park, à Toronto, était un passe-temps des plus populaires, vers 1910-1920.

Un rituel pour les amoureux

À l'époque victorienne, les balades en traîneau offrent aux jeunes des classes aisées des occasions uniques de se courtiser. Ces moments d'intimité leur permettent de mieux se connaître en vue du mariage. Une activité très privée, les jeunes couples pouvaient se courtiser sous le regard attentif de la société.

Francis Augustus Grant, jeune officier, décrit dans une lettre à sa mère datée du 14 février 1849 le plaisir de l'hiver canadien : « Nous rigolons beaucoup avec nos petites amies. Lors des sorties du club de traîneau, tous ceux qui possèdent un traîneau passent prendre l'élue de leur cœur[4]… »

Pour une jeune fille amoureuse, une tempête de neige est une occasion de faire la rencontre de l'élu de son cœur. Henriette Dessaulles, jeune fille d'une famille bourgeoise de Saint-Hyacinthe (Québec) a l'œil sur le frère de sa meilleure amie, un jeune homme qu'elle finira par épouser : « Ce fut donc au moins une heure de bonne causerie intime, et le vent et la poudrerie et le froid se sont faits caressants durant cette heure où mon cœur a battu double et a fait provision de douces choses pour passer le reste de l'année bravement. »

[4] Texte original : to see all the larks we have with our muffins, as we call the fair sex in Canada; when the sleigh club goes out, every one who has a sleigh of his own picks up his own particular muffin…

Carte de vœux de Nouvel An
Vers 1881

La pratique de la raquette et de la glissade par les femmes est mal vue par le clergé catholique, étant considérée comme « une occasion de péché ». En 1885, l'évêque de Montréal, Mgr Édouard Charles Fabre, écrit même une circulaire contre ces loisirs, qui continuent toutefois à se développer.

Promenade en traîneau
James Duncan
Vers 1850-1870
Aquarelle et mine de plomb sur papier

Traîneau de la McLaughlin Carriage Co.
Vers 1890

Affiche de la McLaughlin Carriage Co.

Cette compagnie installée à Oshawa (Ontario) deviendra la McLaughlin Motor Car Company, et par la suite, General Motors of Canada.

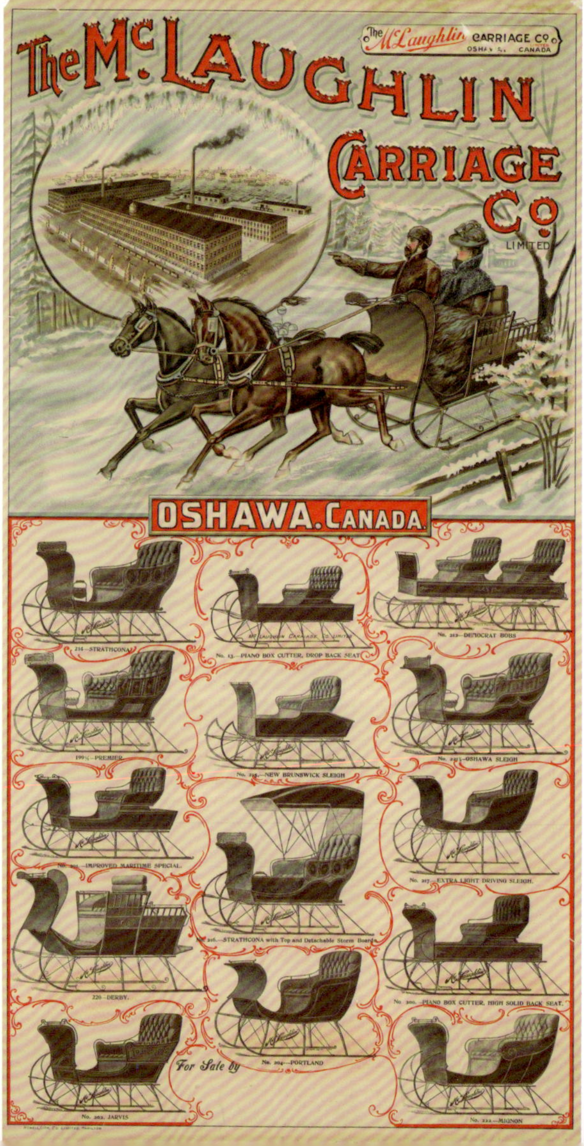

Chauffe-pieds
De gauche à droite : vers 1850, 1875-1900, 1800-1830

Ces petites boîtes chauffantes sont remplies de charbon ou de braises et permettent à la chaleur de s'échapper par les ouvertures. Elles sont fort populaires lors de promenades en traîneau.

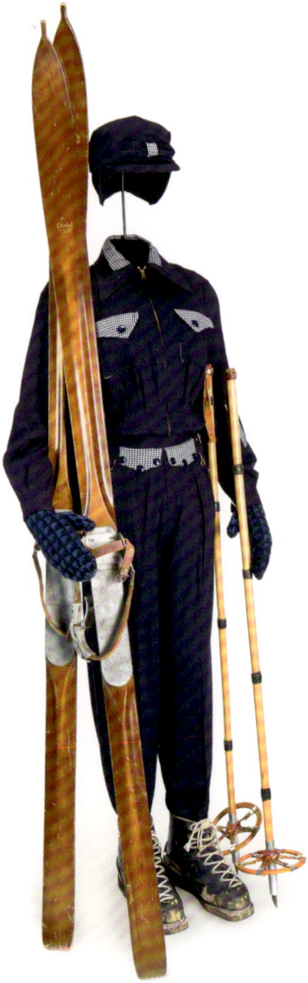

Ensemble de skieuse
Vers 1950

Skiers (Skieurs)
Paulassie Pootoogook,
Cape Dorset (Nunavut)
1986
Serpentine et antaler

Toboggan
Fabriqué par Laird Paton & Son, Montréal, vers 1860-1900

Duncan Rogers, président du Montreal Snowshoe Club, utilise ce toboggan entre 1894 et 1914 lorsque le club organise des activités de glissade.

Le carnaval d'hiver

Quelle meilleure façon de s'amuser l'hiver que de participer aux fêtes des neiges et aux carnavals qui ont lieu au Canada! De Yellowknife à Charlottetown, nombreuses sont les villes qui célèbrent notre hiver enneigé et parfois accompagné d'un froid rigoureux.

Ces grandes fêtes populaires voient le jour au 19e siècle et sont organisées par les clubs sportifs. Ce sont de vastes campagnes publicitaires vantant les charmes de l'hiver canadien pour attirer touristes et investisseurs. Les membres des premiers clubs et associations sportives font partie de l'élite locale : avocats, hommes d'affaires et officiers. C'est un membre du Montreal Snowshoe Club dit la Tuque Bleue qui propose l'idée d'un carnaval d'hiver. Le premier grand carnaval a lieu à Montréal en 1883, et la ville est bourdonnante d'activités. Pendant une semaine se succèdent randonnées en raquettes, bal costumé, patinage et glissades en toboggan. Les journaux suivent la préparation des activités et en donnent des comptes rendus détaillés qui incluent les noms des personnalités présentes, le nombre de participants et une description des décors.

Affiche du Concord Railroad
Bibliothèque et Archives nationales du Québec

Cette affiche invite les habitants du New Hampshire à participer aux festivités du carnaval d'hiver de Montréal en 1889. Étroitement associées à ces événements sportifs et touristiques, les compagnies ferroviaires offrent des promotions de billets et des horaires spéciaux.

Costume du Ottawa Snowshoe Club
1903-1959

Chaque club de raquette a un costume unique qui le distingue des autres. Ce costume fut porté par le Dr Rufus Parent. Il comporte une tuque à gland et un paletot d'étoffe orné d'épaulettes et arborant un écusson sur la manche avec la devise « Tiens ferme ». Les clubs organisent des compétitions et des excursions. Lors de promenades et de défilés, on marche au rythme des chansons des clubs.

L'apothéose de ce premier carnaval est l'assaut par les raquetteurs de l'imposant palais de glace. Suivant un scénario élaboré d'avance, des centaines de raquetteurs munis de pièces pyrotechniques simulent l'attaque du palais. Après la victoire, la soirée se termine par une procession de raquetteurs armés de flambeaux. Les journaux décrivent la construction des palais, dont la conception varie d'une année à l'autre. Celui de 1887 exige 25 000 blocs de glace. Ses dimensions sont immenses – 44 x 35 m – et la tour principale atteint 31 m.

La ville de Québec aura son carnaval en 1894, mais c'est surtout à partir des années 1950 qu'il deviendra la fête emblématique que nous connaissons aujourd'hui. Des carnavals et des fêtes des neiges sont organisés un peu partout au Canada. Ces événements sont encore des moteurs touristiques, mais ils permettent aussi aux habitants des localités de participer à des activités typiques de leur région et, surtout, de célébrer l'hiver.

Prêtes pour une randonnée, vers 1920.

Une belle chanson pour accompagner nos escapades

Les activités hivernales sont à la mode, et les compositeurs canadiens s'empressent de composer des pièces qui seront jouées à la maison et chantées pendant des excursions. L'essor des techniques d'imprimerie permet une impression en couleur bon marché que les éditeurs de musique utilisent pour la page couverture de nombreuses partitions musicales.

À mesure que de nouveaux sports d'hiver se développent, des chansons y sont consacrées. La raquette, activité sportive de prédilection au 19e siècle, est le sujet d'un grand nombre de chansons, y compris *The Snow Shoe Tramp*, de Harold F. Palmer. *St. George's Waltz et Winter Carnival March* sont toutes les deux dédiées au St. George Snow-Shoe Club d'Ottawa. Le club de raquette Le Montagnard a également sa propre chanson, *Vive la raquette*.

Dévaler les pentes en toboggan et se promener en traîneau sont des plaisirs d'hiver appréciés de tous qui inspirent aussi des chansons. La valse *La glissade*, d'Auguste Charbonnier, *The Canadian Girl*, de Joseph St. John, *The Sleigh Bells Galop* ou encore *La belle Canadienne* font chanter les gens. L'arrivée du ski, qui gagnera sans cesse en popularité, est soulignée par une chanson ragtime propre à son époque, *Saskatoon*, composée vers 1915.

Partitions musicales

Winter Carnival March,
vers 1884, de C. A. Gregory
Bibliothèque et Archives Canada

La belle Canadienne New Dance,
vers 1878, de William Braybrooke Bayley
Bibliothèque et Archives Canada

Un conducteur d'attelage et ses chiens à Arctic Bay (Nunavut), 2012.

Jonah Oyukuluk se prépare pour la course annuelle.

C'est en ski que Ken Rutherford partait de Hekkla (Ontario, entre Huntsville et Parry Sound) et se rendait à la gare.

À une époque où les chemins n'étaient pas déneigés, il parcourait sept kilomètres pour prendre le train et aller voir sa fiancée. Ses skis datant de 1936-1937 sont encore utilisés par la famille.

Les plaisirs de la glisse

Vers 1900, de Revelstoke aux Laurentides, les premiers clubs de ski voient le jour. Les démonstrations et les compétitions de saut à ski font en sorte que ce sport gagne en popularité. Ces rencontres attirent les foules et permettent aux clubs de ski de se développer.

En Colombie-Britannique, le Club de ski Revelstoke est établi au début des années 1890 et officialisé en 1914. Les passionnés du ski s'y réunissent pour dévaler les pentes ou s'élancer dans les airs. Le mont Revelstoke offre un tremplin naturel de 600 m parmi les plus réputés d'Amérique du Nord. Sa longueur et son inclinaison naturelle permettent de faire des sauts de plus de 60 m. Selon le magazine de l'Association canadienne de ski amateur de 1923-1924, des records y sont établis, entre autres par Nels Nelson, jeune champion du saut à ski.

Groupe de skieuses,
High Park, Toronto, 1925.

Beaucoup plus à l'est, le journal *Daily Times* précise qu'en 1920, des compétitions de saut à ski ont lieu au mont Royal, à Montréal. Les compétiteurs, originaires de Montréal, de Québec et d'Ottawa, s'élancent du haut d'une pente qui atteint 23 m. Ottawa a aussi son propre site de saut à ski, au parc Rockliffe. Dans les années 1930, un feuillet publicitaire de l'hôtel Château Laurier, « Enjoy Winter Sports in Ottawa », annonce une compétition de saut à ski et une course de ski de 15 km. À cette époque, la popularité du saut à ski bat son plein.

Béatrice Edgar raconte les plaisirs du ski dans son journal. Le 8 février 1898, elle écrit :

« Ce matin, M (cousine Maud) et moi avons enfilé nos skis. Nous nous sommes promenées sur ces terres et nous avons trouvé de belles petites pentes à certains endroits… Le sergent d'armes, qui passait par là avec son chien, a vu que j'étais en détresse parce que je ne pouvais pas me relever, et il est galamment venu à ma rescousse. Mais comme il n'avait pas de skis et que la neige était très profonde, il s'est enfoncé jusqu'aux genoux et quand il a essayé de m'aider à me relever, il est tombé lui-même… nous avons tous bien ri. »

Les attraits de la neige sont vantés dans les guides touristiques et diverses brochures. Dès les premières décennies du 20e siècle, le ski est à l'avant-plan dans les brochures des grands hôtels et des compagnies ferroviaires. Au cours des années 1920 et 1930, les Laurentides et les collines de la Gatineau attirent de nombreux skieurs. Les Laurentides doivent beaucoup à Herman Smith « Jackrabbit » Johannsen, un pionnier et un amateur de ski qui consacrera sa vie à la pratique de ce sport et qui défrichera et balisera des centaines de kilomètres de pistes de randonnée.

Dévalant les pistes au parc national Banff, vers 1900-1940.

Brochure « Montreal Winter Attractions »
Vers 1940

Skieurs au parc de la Gatineau (Québec), vers 1920.

Les skieurs arrivent à la gare de Chelsea. Certains se rendent au Camp Fortune en traîneau, tandis que d'autres chaussent immédiatement leurs skis pour une journée de glisse.

Dans l'Outaouais, le train dépose tous les samedis et dimanches des centaines de skieurs au pied des collines de la Gatineau. En peu de temps, les clubs d'Ottawa et de Cliffside balisent des dizaines de kilomètres de pistes et mettent à la disposition des skieurs des chalets pour se restaurer. Le Ottawa Ski Club invite ses membres à participer à une excursion de ski le 2 janvier 1921 au Camp Fortune. Le rendez-vous est donné à 9 h à la gare de Kirk's Ferry, où des guides du club rejoindront les skieurs. Les organisateurs sont enthousiastes et donnent des indications précises pour ces premières sorties de la saison. Ils demandent aux participants d'arriver assez tôt à la gare pour avoir le temps d'enregistrer leurs skis et précisent que le prix est le même pour tous, que l'on ait une paire de skis ou une douzaine. Ils encouragent donc les gens à amener un ami. En 1926, selon l'Association canadienne de ski amateur, les collines de la Gatineau sont « le centre de ski par excellence du Dominion ».

Le ski exerce toujours la même fascination. Que l'on soit fondeur, skieur alpin ou amateur de planche à neige, aujourd'hui, plus de deux millions de Canadiens pratiquent un sport de glisse.

La motoneige pour tous

L'arrivée de la motoneige dans les familles canadiennes au cours des années 1960 suscite un engouement sans pareil. Dans le Grand Nord, ce moyen de transport révolutionnaire donne accès à des endroits que seuls les traîneaux à chiens pouvaient atteindre. Aujourd'hui, environ 600 000 foyers canadiens possèdent une motoneige. Ces véhicules de plus en plus sophistiqués attirent autant les amateurs de promenades que les mordus de vitesse.

Combinaison de motoneige Ski-Doo
Vers 1970

En sortant de l’église, vers 1970.

Le temps des sucres

Le temps des sucres évoque la fin de l'hiver, la fonte de la neige et l'arrivée du printemps. La fabrication des produits de l'érable a un passé riche d'histoire et de tradition. Autrefois une activité familiale employant des méthodes de production artisanales, elle est aujourd'hui une industrie moderne.

En 1721, le père Pierre-François-Xavier de Charlevoix mentionne que « L'eau d'érable est assez claire, quoiqu'un peu blanchâtre : elle est extrêmement rafraîchissante, et laisse dans la bouche un petit goût de sucre fort agréable[5]. »

La tradition de l'eau d'érable s'inscrit dans les échanges culturels avec les peuples autochtones. Les voyageurs et les explorateurs sont nombreux à décrire la façon dont les Autochtones recueillent l'eau d'érable. Le jésuite Joseph François Lafitau, qui passe six ans avec les Iroquois, est l'un de ceux qui nous laissent des descriptions de cette activité.

[5] Texte original : « L'eau d'Erable eft affez claire, quoiqu'un peu blanchâtre : elle eft extrêmement rafraîchiffante, & laiffe dans la bouche un petit goût de fucre fort agréable. »

Maple Sugar Harvest (Le temps des sucres)
Alice Rioux, île d'Orléans (Québec)
Tapis crocheté
1950-1970

Après avoir entaillé les érables, on recueille la sève dans divers récipients, la fait bouillir et la transforme en sirop ou en sucre. Aux 19e et 20e siècles, tout un savoir-faire se développe et se transmet de génération en génération. Le « sucre du pays » est moulé dans des moules en bois comportant une ou plusieurs parties. Les modèles les plus simples sont tout simplement creusés dans une planche de bois. Les plus complexes ont plusieurs parties reliées par des chevilles ou des lanières de cuir. Très variés, les motifs des moules allient la tradition et la fantaisie. L'artisan donne libre cours à son imagination, créant des motifs représentant des animaux, des symboles religieux et même des cœurs ou les initiales d'amoureux.

Moules à sucre de la fin du 19e siècle et du début du 20e siècle

Cette neige qui nous inspire

« Quand il neige à plein temps,
c'est comme du silence qui tombe. »

– Félix Leclerc

La neige. On la chante, on la peint, on la met en scène. Au cours des siècles, il en est né un incroyable patrimoine culturel. Il est impossible de répertorier tous les poèmes, chansons, films, peintures et autres formes d'expression artistique de cet élément qui a façonné notre identité culturelle. Nous vous offrons donc un très bref échantillonnage d'œuvres où la neige joue un rôle principal.

Au Canada, la présence de la neige de cinq à six mois par année rythme la vie quotidienne. Notre relation à la neige et à l'hiver est parfois ambiguë. Certains préfèrent les éviter, se réfugiant sous des cieux baignés par la chaleur. D'autres puisent dans la neige une source d'inspiration, lui prêtant un caractère réaliste et parfois même féérique.

« La neige nous met en rêve. »

– Anne Hébert

En 1965, Gilles Vigneault écrit les paroles de sa chanson la plus connue pour le film *La neige a fondu sur la Manicouagan* :

> Mon pays ce n'est pas
> un pays, c'est l'hiver
> Mon jardin ce n'est pas
> un jardin, c'est la plaine
> Mon chemin ce n'est pas
> un chemin, c'est la neige
> Mon pays ce n'est pas
> un pays, c'est l'hiver.

Bien sûr, cette chanson a un caractère politique, mais elle témoigne aussi depuis près de cinquante ans de la place prépondérante qu'occupe dans nos vies cet élément incomparable qu'est la neige.

La neige continue à inspirer les compositeurs canadiens. k.d. lang (*Barefoot*), Gordon Lightfoot (*Song for a Winter's Night*), Leonard Cohen (*Winter Lady*) et Claude Léveillée (*L'hiver*) figurent parmi ceux qui l'ont chantée.

Traîneau en ivoire avec un homme, une femme et des chiens
Labrador (Terre-Neuve-et-Labrador)
Vers 1860

Affiche du film *Kamouraska*, réalisé en 1973.

Dans la littérature, la présence de la neige est impressionnante. Cette neige revêt divers aspects dans l'imaginaire des écrivains. Anne Hébert dit : « La neige nous met en rêve. » Rosanna Eleanor Leprohon nous fait une invitation dans *A Canadian Snow Fall* : « Come to the casement, we'll watch the snow / Softly descending on earth below[6] ». Et Émile Nelligan immortalise la neige dans *Soir d'hiver* :

> Ah! comme la neige a neigé
> Ma vitre est un jardin de givre
> Ah comme la neige a neigé
> Qu'est-ce que le spasme de vivre
> Ah la douleur que j'ai que j'ai!

Pour les Inuits, la vie est à la fois douce et dure dans l'immensité blanche et froide de la toundra, telle que raconté dans *Sanaaq*. Ce roman, écrit en inuktitut, est empreint de légendes et de croyances inuites.

La neige envahit aussi l'écran. Bien plus qu'un simple décor, elle est mise en scène et devient un élément principal du film, comme dans *La guerre des tuques* d'André Mélançon. Dans ce film, le premier de la série pour enfants Contes pour tous, une guerre de balles de neige est organisée pendant le congé des fêtes. Le film fera le tour du monde et imprégnera la mémoire de toute une génération.

[6] Texte original : Viens à la fenêtre, nous regarderons la neige / tomber doucement sur la Terre

GENEVIÈVE BUJOLD
DANS
KAMOURASKA
UN FILM DE CLAUDE JUTRA
AVEC
RICHARD JORDAN PHILIPPE LÉOTARD
OLIVETTE THIBAULT JANINE SUTTO MARIE FRESNIÈRES
HUGUETTE OLIGNY SUZIE BAILLARGEON CAMILLE BERNARD
SCENARIO ANNE HÉBERT CLAUDE JUTRA
D'APRÈS LE ROMAN D'ANNE HÉBERT, PUBLIÉ AUX ÉDITIONS DU SEUIL
MUSIQUE DE MAURICE LEROUX IMAGES DE MICHEL BRAULT
PRODUCTION CARLE LAMY PARC FILM DISTRIBUTION FRANCE FILM
marcel cadieux

Comment ne pas penser à *Kamouraska*, tiré du roman d'Anne Hébert, à la scène où le docteur Nelson part en traîneau en pleine tempête de neige pour aller assassiner le seigneur de Kamouraska, le mari de son amante? Les images de ce film nous font sentir l'hiver, le froid, la neige. Dans *La vie heureuse de Léopold Z*, de Gilles Carles (1965), la neige est omniprésente. Ce long métrage, tiré de la réalité québécoise, raconte les mésaventures de Léo la veille de Noël. Nous le suivons depuis le petit matin jusqu'à la messe de minuit. Une tempête de neige s'abat sur Montréal et Léo, préposé au déneigement, est pris dans la tempête, entre ses obligations professionnelles et sa famille.

Parmi les productions de cinéastes canadiens qui ont fait une grande place à la neige, il y a *The Snow Walker*, où un avion de brousse s'écrase. Le pilote rencontre une jeune Inuite et ensemble ils doivent surmonter d'énormes difficultés pour survivre dans les Territoires du Nord-Ouest. Les grandes étendues du Nord figurent aussi dans *Agaguk*, basé sur le livre d'Yves Thériault. Quant à *Atanarjuat*, film de Zacharias Kunuk, il est le premier long métrage écrit, réalisé et joué entièrement en inuktitut. Ce film basé sur la légende de l'homme rapide explore le savoir-faire des Inuits, leur culture et leur adaptation dans le contexte du réchauffement de la planète.

La neige est également présente dans des œuvres artisanales, qui témoignent des différents domaines de l'activité humaine. Les tapis crochetés, sculptures et peintures mettent en scène la vie familiale ou le travail. Ces œuvres d'art populaire attestent d'un univers où se mêlent humour et relation à l'environnement et à la communauté.

Qamutaujaq (Motoneige)
Ohotaq Mikkigaq,
Cape Dorset (Nunavut)
2006
Lithographie
76,5 x 56,5 cm

Conclusion

Pourquoi toute cette neige?

Un Canada sans neige? Impensable. Pourquoi? La neige est bien plus qu'un phénomène météorologique. Elle a contribué à définir notre mode de vie et notre identité.

La neige est également importante dans notre écosystème. Tout d'abord, elle représente une source majeure d'eau. Deuxièmement, elle a un effet isolant qui empêche le gel de pénétrer trop profondément dans les sols. Enfin, en raison de son caractère réfléchissant, elle dirige les rayons du soleil vers l'atmosphère, plutôt que vers la terre, réduisant ainsi la température.

Voilà pourquoi nous avons besoin de la neige. La variation de l'enneigement a des répercussions sur les loisirs, l'agriculture, l'hydroélectricité…

Qu'elle soit belle, sale ou dangereuse, aimée ou détestée, la neige n'empêche pas les Canadiens de sortir, de jouer et de célébrer. Elle touche tous les aspects de notre vie. Notre culture en est imprégnée.

Crédits photos

© Musée canadien des civilisations

p.12, IMG2013-0003-0001-Dm [collection personnelle], p.63, J6212-Dm [collection du Klondike]; p.71, IMG2013-0171-0006-Dm [2013-H0006]; p.92, IMG2013-0171-0008-Dm [2011-H0023]

Steven Darby : p.13, IMG2013-0142-0004-Dm [2009.5.2a, 74.757.1, D-5384]; p.14, IMG2013-0142-0004-Dm [2009.5.2a, 74.757.1, D-5384]; p.23, IMG2013-0142-0014-Dm [III-X-771, III-C-498, III-D-102]; p.24-25, IMG2013-0142-0012-Dm [IV-D-871, IV-D-789]; p.26, IMG2013-0142-0033-Dm [collection de livres rares] ; p.29, IMG2013-0142-0013-Dm [2013.14.1, N-93, D-10101]; p.30, IMG2013-0142-0011-Dm [2013.14.7, D-9151, 992.10.16]; p.33, IMG2013-0142-0007-Dm [D-1041, D-14479, 1974.737.1]; p.44-45, IMG2013-0142-0018-Dm [A-1153]; p.50, IMG2013-0142-0029-Dm [76-1]; p.56, IMG2013-0142-0043-Dm [73-941, A-836, 72-1354]; p.61, IMG2013-0142-0030-Dm [1997.7.1]; p.66, IMG2013-0142-0020-Dm; p.67, IMG2013-0142-0045-Dm [équipement du Panthéon des sports canadiens, Calgary]; p.72, IMG2013-0142-0031-Dm [2010.233.2]; p.75, IMG2013-0142-0002-Dm [A-957, A-1478, 77-153]; p.76, IMG2013-0142-0044-Dm [979.109.3; équipement du Panthéon des sports canadiens, Calgary]; p.78-79 IMG2013-0142-0027-Dm [A-8524]; p.82, IMG2013-0142-0039-Dm [2000.194]; p.94, IMG2013-0142-0038-Dm [ensemble : 2008.109; bottes : collection privée]; p.97, IMG2013-0142-0025-Dm [80.588]; p.98-99, IMG2013-0142-0016-Dm; p.102-103, IMG2013-0142-0006-Dm [IV-X-848]

Appel publique :
Bernard Brault : p.16, IMG2013-0003-0005-Dm; p.35, IMG2013-0003-0006-Dm
Alexander Boldizar : p.40, IMG2013-0003-0003-Dm
Michel Thibert : p.87, IMG2013-0003-0008-Dm
Mary Jane Smith : p.88, IMG2013-0003-0004-Dm
Société historique de la vallée de la Gatineau : p.93, IMG2013-0003-0007-Dm

Doug Millar : p.20, IMG2008-0583-0102-Dp1 [IX-C-2846]; p.21 (en bas), IMG2011-0082-0058-Dp1 [PjRa-10 :61]

Marie-Louise Deruaz : p.21 (en haut), S97-5093-Dp1 [IX-C-4775]; p.37, IMG2013-0142-0046-Dm

Charles Bouchard : p.57, 039

Terry Pierce : p.95, 81-4044

© **NASA** p.11, "Winter Snow Cover in the Northern Hemisphere, July 31, 2002"

© **Musée McCord, Montréal** p.15, M2000.93.148; p.53, V1577-A-D2; p.72, M311

© **Bibliothèque et Archives Canada** p.22, C-040820; p.59, C-040269; p.68, C-095622; p.81, 3505215 [AFF B 00002371 CON]; p.86 (à gauche), csm3673-1c; p.86 (à droit), csm803-1c

© **Université Simon Fraser** p.34, MsC 25.RAE.1.13

© **Musée national des beaux-arts du Québec** Jean-Guy Kérouak : p.39, 1995.02

© **Musée J. Armand Bombardier, Valcourt, Québec** p.43, MJAB6608

© **Archives de l'Ontario** p.47, F2178-1-0-24, S3460 [I0006702]; p.89, F1075-13, H916 [I0001336]

© **Musée Glenbow, Calgary** p.48, NA-2649-2; p.55, NA-2216-5

© **Musée des beaux-arts de Montréal** Marilyn Aitken : p.65, 1958.1177

© **Archives de la Ville de Toronto** p.69, fonds 1244, item 0441; p.84. fonds 1244, item 468a

© **Musée des sciences et de la technologie du Canada, Ottawa** p.74, L45333

© **Dorset Fine Arts** Steven Darby : p.77, IMG2013-0142-0005-Dm [IV-C-6025]; p.107, IMG2013-0142-0023-Dm [CD 2006-027]

© **Whyte Museum of the Canadian Rockies, Banff** p.91, V263/NA-823

© **Les Productions Pierre Lamy Ltée** p.105, affiche